AF582150

GISEMENTS

DES

BITUMES, PÉTROLES,

ET

DE DIVERS MINERAUX

dans

LES PROVINCES DE CHIETI

et

DE FROSINONE

120899

et

TRAITEMENT DES MATIÈRES BITUMINEUSES

a

LETTO MANOPPELLO

(7 planches)

par

L. BIDOU

Ingénieur

Membre de la Société des Ingénieurs Civils

Chevalier de l' Ordre Néerlandais de la Couronne de Chêne

SIENNE
IMPRIMERIE C. CIRINEI ET COMP.
RUE CAVOUR N. 12
1877.

4 S 767

GISEMENTS DE LA PROVINCE DE CHIETI

Les gisements de roches bitumineuses et pétrolifères de la Province de Chieti, sont situés sur les contreforts de la Maiella, ramification des Appenins, qui s' étend à peu près parallelement à l' Adriatique et dont le plus haut sommet, le mont Amaro, s' èleve á 2630.m audessus du niveau de la mer.

Les roches qui forment le massif de la Maiella sont les calcaires crétacés à nummulites et les argiles du Miocéne. Ces dernières forment une séerie de collines qui s' étendent depuis le pied des contreforts jusque dans la plaine. Entro ces deux terrains existe sur la ligne de contact, une brèche calcaire provenant de l' agglomération des détritus produits par les soulèvements et dislocations qui ont plusieurs fois bouleversé tout le pays et modifié la stratification regulière des calcaires supérieurs. Dans ces calcaires se trouvent de nombreux gisements de bitumes, de pétroles et de soufre; dans les argiles au contraire du gypse et des schistes bitumineux quelque-fois semblables au boghead.

1.º GISEMENTS DES ROCHES BITUMINEUSES

La formation de ces roches a donné lieu à de nombreuses théories parmi les quelles la théorie de la distillation des matières organiques et de leur déplacement par volatilisation nous parait résoudre un grand nombre de problémes qui se posent journellement dans l'exploitation. Les puissants dépots de lignites qui existent en Italie ont pu leur donner naissance; il se présente des cas ou ces lignites par leur simple exposition à l' air et àl'humidité s' échauffent et brulent spontanément mais sans flamme. On voit alors les eaux qui les traversent se charger de pétroles liquides; ce phénomène, nous l'avons observé dans les eaux qui coulent à travers les remblais faits avec les matières stériles qui proviennent de l' exploitation des mines de Murlo (Toscane). Si au lieu de cette combustion imparfaite nous avons à faire à une distillation, à une température elevée, sous pression, nous obtiendrons des goudrons, des naphtes, des bitumes; c' est ce qui a dû se produire dans la nature. Les couches de lignites, de tourbes, traversées soit par des porphyres, soit par des diorites ou des basaltes, lors de la venue de ces roches à la surface du sol, ont donné des naphtes des pétroles et des bitumes, en laissant en place soit du graphite soit des lignites maigres. Les matières chassées ont pu se condenser soit dans les roches voisines soit en des points plus éloignés et furent de ces nouveaux points, par suite d' injections nouvelles, chassées dans de nouveaux terrains et ainsi de suite jusque dans les localités où nous les rencontrons aujourd'hui. Leur dépot aura été d' autant plus facile qu' elles auront rencontré des roches plus perméables, à texture lâche, telles que les grès tendres, les argiles siliceuses d' eaux douces, les brèches, les terrains fissurés; aussi le gisement des roches bitumineuses est il fort varié. On rencontre en effet le bitume soit pur daus les calcaires fendillés sous forme de filons bitumineux, ou bien on le voit empâter les débris de roches calcaires préexistantes et produire des brèches bitumineuses ou imprégner des calcaires susceptibles de l'être formant ainsi des calcaires bitumineux Plus tard des soulèvements ont du bouleverser la formation bitumineuse car en certains points on rencontre de veritables brèches de calcaires bitumineux. Toutes les roches bitumineuses exploiteés appartiennent à l' une ou à l' autre de ces catégories mais il est évident qu' elles ne font partie que d' une seule et même formation, d' un seul et même gisement.

La Carte des gisements de la Maiella. (Planche *I.*) indique le gisement des Calcaires bitumineux qui se rencontrent presque partout depuis la Maiella sur le versant Est du Mont Amaro jusque à Manoppello, mais il sont plus découverts et plus exploitables sur la zône qui s'etend entre Caramanico, Rocca Morice, Abbateggio, Letto Manoppello. En général les minerais bitumineux de S.t Elia, Abbateggio, Rocça Morice, Colle S. Giorgio et ceux au sud et en dessous de Letto Manoppello sont des brèches bitumineuses très grasses, spéciales pour les asphaltes, soit en poudre soit en mastic. Au contraire les calcaires bitumineux qui s'etendent au Nord de Letto Manoppello, depuis Santa Liberata jusque en dessous de Manoppello et de Serra Monacesca, sont des calcaires á grains fins qui resistent parfaitement au feu des cornues sans se déliter et pour cela sont spéciaux pour la fabrication des bitumes. Ces calcaires constituent tout le massif au nord de Letto Manoppello et peuvent être exploités à ciel ouvert jusque vers la region dite de San Elia, et sur les hauteurs qui dominent San Onofrio.

La Pranche N.° 2 est le plan topographique des environs de Manoppello, Letto Manopello. Sur la planche N,° 3 sont figurés les profils relevés tant dans la vallée des Fonticelli que dans la vallée du Lavino. Nous ferons observer que les minerais bitumineux de la vallée du Lavino sont des brèches bitumineuses, tandis que les minerais de la vallée des Fonticelli sont des calcaires bitumineux en place. Souvent au milieu du premier de ces gisements on rencontre de veritables filons de bitume comme à Santa Liberata mais souvent aussi ces filons très riches sont sulfureux ce qui les rend impropres à la fabrication des bitumes gras de bonne qualité. Ces mêmes filons se prolongent souvent sur de grandes longueurs. Leur direction est à peu près Nord Ouest Sud Est. Dans la vallée du Lavino leurs affleurements se presentent souvent sous une épaisseur d' une quinzaine de metres environ mais l' aspect des roches qui forment cet affleurement, la richesse de ces mêmes roches, varie considérablement; aussi est il très difficile de suivre ou déterminer l' ensemble de ces affleurements pour les retracer d' une façon précise. Tous ces affleurements sout la proprieté de plusieurs personnes qui louent l' exploitation de leurs terrains moyennant une redevance annuelle et fixe quel que soit d' ailleurs la quantité de minéral exploité; mais les terrains situés sur les bords du torrent du Lavino jouissent d' une grande facilité: les terres déblayées ainsi que les calcaires déjà traités sout jetés dans le lit du torrent et chaque crue emporte tous les dèpots ainsi formés. C' est là un des éléments principaux de reussite de l'exploitation des roches bitumineuses et d' une fabrication de bitume car la quantité de bitume extrait de la roche s' elevant à peine à 8 0[0 du poids total des roches employées, les roches traitées formeraient bientôt un dépot tel, que les transports et les acquisitions de terrains mangeraient tous les bénéfices obtenus si les pluies et les torrents ne venaient chaque année enlever les détritus produits et accumulés pendant la bonne saison.

2.° GISEMENTS PÉTROLIFÈRES

Les pétroles se trouvent surtout dans les environs de Tocco, sur le versant de la Chaine du Morrone. Ils se présentent alors sous trois états differents.

1.° A l'état de pétroles secs, le long d'anciens canaux d'écoulement et dans certains terrains ou ils ont fait éruption pour s'écouler ensuite à l'air libre. Ils sont alors sous forme de longs tapis de bitume de 15 à 20 millimètres d' épaisseur, durs et semi-durs; ces tapis couvrent l'extérieur des canaux qui ont servi à leur écoulement et se détachent facilement à la main.

2.° A l' etat de pétroles lourds, denses, assez semblables au bitume gras mais terreux; ils coulent alors à travers les fissures de certaines roches, et cela d' une façon intermittente surtout après chaque grande pluie. Une de ces sources donne ainsi chaque année de quinze à vingt tonnes de pétrole brut et quelquefois plus lorsque la saison est pluvieuse.

3.° A l' etat de suintements, généralement accompagnés de petites sources d' eaux qui lui servent de véhicule. A cet etat le pétrole receuilli est blond et d' une grande pureté. On l' extrayait anciennement d'un puits dit puits Laschi à peu près à cet etat; mais cependant la teinte en etait plutôt brune que blonde.

La coupe de ce puits (Planche N.° 3 Fig. N.° 1) etait la suivante

	Terrain d' alluvion	9m 00
	Gypse blanc	5m 50
	Gypse tacheté	6m 00
	Gypse avec veines de pétrole	8m 70
1.ère Source	Gypse dur avec sources de pétrole	3m 20
	Argile marneuse	1m 70
	Marne gypseuse	2m 09
	Gypse dur avec sources de pétrole	3m 91
	Marne argileuse	2m 23
	Argile et gypse feuilleté	7m 82
2.eme Sourc.	Argile et marne molle pétrolifère	3m 43
49.97 à 52.00 K.	Gypse blanc, dur	2m 79
	Argile bleu	0m 94
	Gypse dur	0m 80
	Argile molle	0m 56
	Gypse dur avec soufre	1m 92
	Marne argileuse avec petites veines de pétrole	5m 02
	Gypse dur	6m 06
3eme Source	Argile et gypse cristallisé	17m 69
80.80 à 89.20 K.	Gypse dur	12m 20
	Argile et pétrole	1m 88
	Gypse dur fissuré rempli de pétrole	6m 57

Ce puits fut foncé et muraillé jusque à une profondeur d' environ 33m, puis ensuite fut foré et tubé mais un accident arrivé au tubage au moment ou il commencait à produire, vint arreter l' entreprise, les capitaux etant venus à manquer. Si ce puits eut été continué en profondeur il eut donné probablement de bons résultats car les sources pétrolifères etaient abondantes.

Le gisement des pétroles, vu leur direction à Tocco, doit suivre la direction de l'axe de soulèvement du Morrone, et par conséquent se diriger de Tocco vers Rocchetta parallèlement au torrent Orte.

Un autre gisement pétrolifère se trouve encore sur le versant du Monte Focalone vers Palombaro; sa direction est alors celle de l'affleurement des argiles et par conséquent sa direction doit être suivant la ligne qui, passant par Palombaro, va à Penna Pie di Monte.

Un grand nombre de recherches de pétroles furent tentées en divers points de la province mais ces recherches ne furent pas couronnées de succès. Un puits fut foncé jusque à 25 mètres de profondeur dans la vallée de Santa Liberata au dessous du village de Letto Manoppello. On y rencontra le même terrain que celui rencontré à Tocco mais avec une plus grande quantité de soufre et beaucoup moins de pétrole, qui du reste ne se rencontrait que dans le gypse cristallisé en fer de lance, dont il imbibait alors les feuillets.

3° GISEMENTS DU SOUFRE

Le soufre abonde à Tocco, dans les argiles pétrolifèers et on pourrait l'y extraire à ciel ouvert si les terrains avaient plus de consistance; il est encore très abondant dans la zône qui s'étend sous Letto Manoppello dans la vallée de Santa Liberata Il embrasse toutes les argiles du Lavino, de Manoppello, de Serra Monacesca jusque à San Onofrio. Il en existe des dépots considérables sous le village même de Letto Manoppello dans le fond du torrent Lavino où l'on voit surgir des sources sulfureuses très abondantes et très chargées de soufre, sources qui furent l' objet d' une vaste exploitation de la part de l' ex-gouvernement Napolitain. Le directeur de cette exploitation etait le général Nunziante, à l'époque de la première révolution de Sicile, au têmps de Ferdinand. Les eaux sulfureuses sont du reste très abondantes dans toute la province; les torrents Orfant, Arollo, Lavino, reçoivent plusieurs de ces sources qui sont chargées de soude et de magnesie. Le soufre par sa présence a rendu impossible un grand nombre d' exploitations de roches bitumineuses, car non seulement il rend le bitume cassant et sec, mais en outre, en s'oxydant, il attaque les roches calcaires avec les quelles le bitume est mélangé dans l' asphalte en poudre et en pains; cette attaque quoique lente finit par désagréger d' une façon complète les revêtements. La présence du soufre dans le bitume liquide fait aussi écarter celui-ci dans les constructions navales car le bitume naturel sulfureux produit sur les matières organiques le même effet que produit le goudron des usines à gaz, c' est à dire les désorganise complétement attaquant aussi les métaux qu'il devait protéger.

4.° GISEMENTS DES SCHISTES BITUMINEUX

Les schistes bitumineux que l'on rencontre sur une largeur de vingt kilomètres dans les argiles qui forment le périmètre extérieur de la Maiella du Sud au Nord-Est sont surtout très abondants sur la partie Nord-Est, Est et Sud de ce massif montagneux. On les trouve quelquefois avec l' aspect et les qualités du boghead, comme dans la chaine principale des Abruzzes près de Castel del Monte. Ils viennennt alors à coûter L. 47, 00 la tonne rendus à la station de Bussi sur la ligne de Pescara à Aquila. Ils renferment souvent soit, des pyrites quelquefois cuivreuses, comme l'a observé monsieur Barthélémy, près de Casoli, le long de l' Aventino, soit des rognons de soufre noir bitumineux comme à Torre dei Passeri dans la province de Terano. Généralement tous les schistes bitumineux seraient exploitables à ciel ouvert mais les frais de transports en rendent l' exploitation difficile surtout dans la partie Sud-Est trop éloignée de l' Adriatique et de ses ports.

5.° GISEMENTS DU GYPSE

Le gypse forme certainement une des matières principales constituant le massif de la Maiella et nous en avons constaté la présence dans tous les gisements précédents. Les localités que nous avons mentionnées précédemment comme renfermant des gisements de pétroles, de roches bitumineuses, de soufre, renferment toutes des gisements de gypse aussi n' avons nous pas besoin d' en faire une déscription spéciale et nous ne le citons ici que pour mémoire.

MODE D' EXPLOITATION

Si nous examinons actuellement le mode d' exploitation de toutes les roches précitées nous pouvons dire d' une façon générale que toutes, jusque à ce jour, sont exploitées à ciel ouvert mais peu de ces carrières nous paraissent aménagées d' une façon satisfaisante, au point de vue d' une bonne exploitation. Les carrières des Fonticelli près Letto Manoppello sont seules travaillées suivant la règle, quoique un moyen de transport économique y fasse défaut ce qui rend actuellement cette exploitation assez coûteuse.

Quant au gypse les fabricants ne l' exploitent pas dans ses gisements mais se contentent de rompre les blocs détachés et roulés que l'on rencontre dans le lit des torrents, et de faire cuire les morceaux ainsi obtenus, evitant de cette façon les frais d' excavation.

MINERAUX NON EXPLOITES

Outre les matières minérales exploitées dont nous avons déjà parlé il existe encore daus ce groupe montagneux un grand nombre d' autres minéraux qui, quoique non exploités, mériteraient d'attirer l'attention des personnes qui cherchent un emploi sérieux de petits capitaux, à savoir:

1.° STRONTIANE

On rencontre à Santa Liberata un gisement de sulfate de strontiane cristallisé qui a une certaine valeur car on trouve ce sulfate à fleur de terre, en gros rognons, au milieu d' affleurements de roches gypseuses. Il en existe aussi un gisement à S.t Ielio entre Caramanico et Abbateggio, à peu près sur la ligne droite qui joindrait ces deux villages; mais il a été exploité plutôt pour le gypse que pour la strontiane elle-même. En général elle se rencontre à l'etat de rognons qui se suivent assez près les uns des autres au milieu des gypses ou encore de certaines marnes; quelques fois les rognons sont plus disséminés et il serait impossible de les exploiter sans exploiter le gypse. A S.t Ielio il serait cependant possible d'obtenir de la strontiane qui ne reviendrait pas à plus de L. 12 la tonne rendue à San Valentino.

2.° ROCHES BITUMINEUSS LÉGÈRES

Dans la vallée de Santa Liberata on trouve au contact de brèches bitumineuses exploitées pour asphalte un minerai léger bitumineux à gangue argilo-calcaire, spécial pour l' extraction de l' huile minérale et la fabrication du gaz d'éclairage, car le gaz qui distille lors qu' on le chauffe, présente un pouvoir éclairant triple de celui du gaz de houille, ainsi qu'il résulte d' expériences faites à l' usine à gaz de Chieti. Ce minerai est tellement friable que son exportation en serait impossible, car il se réduit à l' etat de farine par la simple pression du doigt et occupe un grand volume sous un faible poids. Aussi a-t-on du penser à le comprimer en pains pour en faire l'exportation, et c'est ce que Mr Barthélemy avait essayé il y a peu de temps; mais depuis cette idée a été abandonnée, faute de capitaux pour établir les machines nécessaires à cet effet. Il est évident que la vente de ce produit serait très facile, surtout aujourd'hui ou on recherche tant les matières propres à augmenter le pouvoir éclairant du gaz de houille ordinaire. Le prix de revient de cette matière ne dépasserait pas 15 à 16 lires la tonne sur wagon à la station de San Valentino.

3.° BITUME DE JUDÉE

Outre ces minéraux accessoires ou vient de rencontrer il y a quelques jours dans la vallée des Fonticelli, plusieurs filons de bitume sec analogue, si non identique, au célébre bitume de Judée que l'on paie 1000 et 1200 francs la tonne en Angleterre, pour la fabrication des vernis. Ces filons situés à 500^{m} environ en amont de la carrière de messieurs Giorgi et Biscossi, dans le val Corvo, ont été mis à nu par les dernières pluies torrentielles annuelles. Un de ces filons a environ 0,^{m}30 d' épaisseur et il en existe, un peu en contre bas de celui-ci, plusieurs autres plus minces mais qui malgré cela présentent une certaine valeur. Ces filons ont du anciennement donner lieu à une exploitation car on retrouve au près, de petits vases en terre qui proviennent des Samnites ainsi qu' une inscription trouvée sur les lieux a permi de le constater; après avoir été abandonnés pendant des siècles il faut espérer que leur exploitation en sera bientôt reprise et cela avec fruits pour les exploitants et le pays.

GISEMENTS BITUMINEUX DE LA PROVINCE DE FROSINONE

Les ramifications des Apennins qui couvrent le sud des anciens Etats Pontificaux présentent une constitution géologique particulière digne d'etude. Si dans les gisements bitumineux de la province de Chieti nous n' avons pu trouver aucune relation intime entre les divers gisements décrits, dans la province de Frosinone il semble exister une certaine corrélation entre un point et un autre. La stratification, sur une étendue de plusieurs kilomètres, parait constante. Dans les couches inférieures inclinées qui sont formées de bancs alternés d' argile bleu et de grès, bancs renfermant un grand nombre de coquilles marines et d' eaux douces, on trouve un grand nombre de gisements bitumineux sur une longueur d' environ 30 kilomètres, de Rocca Secca dans le province de Caserta au Sud-Est à Collepardo et Trisulti dans la province de Frosinone, tant à droite qu'à gauche de la rivière de Savio. La richesse de ces gisements varie cependant suivant les localités; en général ils sont plus pauvres aux extrémités, comme á Rocca Secca. Colle San Magno, Collepardo et Trisulti. Le bitume est alors moins abondant et lui même est moins riche en hydrocarbures légers.

L' exploitation d' un grand nombre de ces gisements est aujourd'hui impossible et sauf quelques cas particuliers presque tous sont inexploités. Cependant les lieux les plus voisins des grandes voies de communication ont donné lieu avant 1870 à de nombreuses demandes en concessions.

Nous parlerons ici des gisements existants dans quelques unes de ces oncessions.

1.° CONCESSION DE CASTRO

Cette concession est sans contredit plus favorisée, au point de vue des transports, que toutes celles accordées jusqu'à ce jour. Elle a une superficie de 10 milles Romains; sa forme est celle d' un grand rectangle dont le grand côté est à peu près parallèle à la direction du Chemin de fer de Rome à Naples, vers la station de Castro; elle est traversée par le Savio qui forme un des affluents de gauche du Garigliano. La distance, entre le point ou devra s' ouvrir la galerie d' exploitation et la station de Pofi Castro, est environ de 2 kilomètres. Ces deux points sont presque au même niveau et peuvent être réunis par une voie ferrée à section réduite avec grande facilité.

Quant au gisement de la roche bitumineuse il se trouve dans un banc de calcaire présentant une puissance de 100 mètres environ aux affleurements. Ces calcaires out été soulevés et métamorphisés par un soulevement récent de basaltes. Les roches calcaires sont fissurées et imprégnées par des bitumes surtout en deux points de leur stratification. L'épaisseur des couches imprégnées varie de 0,m80 à 1,m00. Leur pendage est à peu près Nord Sud avec une inclinaison de 85° sur l' horizon. Une galerie inférieure qui aurait son ouverture le long du torrent Savio devrait avoir une longueur de 180m à 200m avant d' arriver à recouper les couches bitumineuses. La hauteur de la roche ainsi isolée pour l' exploitation serait environ de 100 mètres. Quant à la longueur des affleurements à la superficie elle dépasse deux kilomètres et demi sans discontinuité. La richesse en bitume de ces roches est environ de 15 0[0 elles sont donc très propres à la fabrication des asphaltes en poudre. En outre cette fabrication serait singulièrement facilitée par la force motrice dont une exploitation pourrait disposer le long du torrent Savio. On a fait un commencement d' exploitation à ciel ouvert pour la fabrication de l' asphalte en poudre mais cette exploitation fût faite, plutôt pour ne pas laisser dépérir le droit de concession que pour se livrer à une fabrication régulière et suivie.

2.° CONCESSIONS DE SAN GIOVANNI CAMPANO ET BAUCO VEROLI

(*Planche N.° 4*) fig. 1.

La première de ces concessions réunit les deux groupes de Colle Collano et Fratta de Santi, qui ne forment qu'un même gisement sur la rive droite de l'Amasseno. La richesse de la roche bitumineuse dans cette concession varie de 12 à 15 0[0 mais les nombreuses crevasses qui divisent le terrain sont remplies de bitume presque pur. Le gisement se présente sur une étendue de plusieurs centaines de mètres avec un front de taille découvert de plus de 30 mètres de puissance. Aussi daus cette région l' exploitation pourrait-elle se faire à ciel ouvert. En d' autres points de la même concession sur la rive gauche de l' Amasseno on trouve des sables compacts qui laissent suinter du pétrole pendant l'été. Les affleurements de ces sables après avoir été exploités près de la briqueterie de Monte San Giovanni, ont pu être traités pour le pétrole qu'ils renferment et les produits obtenus furent utilisés à Rome et à Naples daus les usines à gaz. Ces pétroles doivent du reste être assez abondants car les eaux qui s' écoulent de cette roche laissent déposer un produit analogue au pétrole canadien. Pendant l' hiver ce dégagement devient insensible, mais il est fort probable qu'un puits creusé pour recouper les couches inférieures à l' argile, rencontrerait des sources abondantes de pétroles qui doivent être accumulés a quelques kilomètres sur les bords de l'Amasseno.

La Concession de Bauco Veroli comprend deux monticules traversés par la continuation du gisement de Fratta de Santi, mais les affleurements disparaissent dans la colline calcaire sur laquelle s'élève la ville de Bauco. Dans cette concession la couche bitumineuse n'est recouverte que par une légère couche de terre végétale ce qui facilitera beaucoup son exploitation. Le minerai est de très bonne qualité mais il parait devenir très pauvre vers Veroli. Daus l' acte de concession de Bauco Veroli existe une anomalie que nous trouvons pour la première fois et qui est la suivante : le concessionnaire est libre de prendre la superficie qui lui est concedée soit dans la commune de Bauco soit dans celle de Veroli, soit dans l'une et l' autre à son choix. Cette clause est une preuve du peu d' importance qu' attachait le gouvernement papal à accorder une concession alors que celle-ci lui etait demandée.

Ces concessions sont actuellement sans voies de communications. Le chemin de fer projeté de Solmona à Ceprano mettera Monte San Giovanni à peu de distance de la voie ferrée mais malgré cela les moyens de transports ou de raccordements seront toujours longs et coûteux dans ces deux concessions.

3.° CONCESSION DE RIPI

Cette concession qui s' étend sur la commune de Ripi est proprieté de la Cie miniere Franco-Romaine. Elle renferme quelques gisements de pétrole qui n' ont donné jusqu' ici que des résultats peu satisfaisants. Deux trous de sonde furent forés; mais l' un fut obstrué par les argiles qu' il traversait, l' autre plus large, aujourd'hui obstrué, ne produisit que des quantités insignifiantes de pétrole. Un troisième sondage d' une quinzaine de mètres de profondeur fut foncé à flanc de coteau, un peu plus haut que les deux précédents. Il donne environ 10 litres de pétrole par vingt-quatre heures en temps ordinaire mais son débit est cependant légèrement augmenté pendant la saison des pluies.

Nous terminerons ici ce que nous avions à dire de tous ces gisements et nous nous occuperons actuellement du traitement des roches précedentes, ce qui formera la seconde partie de cette note.

TRAITEMENT
DES ROCHES BITUMINEUSES POUR ASPHALTE EN POUDRE, ASPHALTE EN PAINS ET BITUME

FABRICATION DES ASPHALTES EN POUDRE ET EN PAINS A LETTO MANOPPELLO

La fabrication des asphaltes en pains nécessitant d'abord la fabrication de l' asphalte en poudre nous nous occuperons de la fabrication des pains d' asphalte et nous traiterons de la fabrication de l' asphalte en poudre comme détail de fabrication des pains d' asphalte.

1.° **Fabrication à la main**

Cette fabrication comprend trois opérations.

1.° la pulvérisation de la roche calcaire bitumineuse.

2.° la cuisson de la poudre d' asphalte ou sa transformation en mastic.

3.° le moulage du mastic chaud dans des moules de forme commerciale.

1.° PULVÉRISATION DE LA ROCHE BITUMINEUSE

La roche bitumineuse est transportée à dos de mulet, de la mine à l'usine, ou elle est dégrossie à la masse ou mieux concassée en morceaux de la grosseur du poing; elle est ensuite soumise à la trituration ou pulvérisation.

La tritualion s'opere au moyen de petits marteaux à main de la forme indiquée planche IV fig. 2. C' est une petite palette en fer de forme rectangulaire, de l'épaisseur de 10 à 15 millimètres et du poids de un demi kilogramme à un kilogramme au maximum. La trituration se donne àl'entreprise aux ouvriers batteurs (battitori) à raison de 0,L. 35 centimes en moyenne le mezzetto, mesure napolitaine de la capacité de 28 litres. Deux mezzetti et demi font très à peu près 100 kilogrammes de poudre, de telle sorte que le quintal de poudre d'asphalte vient à coûter en moyenne de L, 0, 90 à L. 1, 00 au maximum. L'ouvrier batteur de force ne fait guère plus de 5 mezzetti de poudre dans sa journée c' est-à-dire 2 quintaux. Ce chiffre donne une idée du nombre de batteurs que l' on est obligé de tenir dans le chantier pour produire une quantité notable de poudre; or comme les batteurs de force sont rares et que la moyenne ne produit guère que de 3 à 4 mezzetti au plus, il s' en suit qu' il faut recourir à une soixantaine et quelquefois plus de batteurs pour arriver à une production journalière encore assez médiocre; par suite il faut un chantier très vaste, ce qui amène une confusion indescriptible comme cela se voit journellement chez Mr Paparella. Le batteur, il est vrai, se charge de tout, du dégrossisage de la roche, de sa pulvérisation et de son tamisage qui se fait soit à l'aide de cribles en tôle à main, soit à l' aide d' un petit appareil semblable à un bluteur pour grains et dont le prix à Milan est de 50 Lires environ (Pl. 4 fig. 4). Le dessin de la (Pl. 4 fig 3) indique la disposition d' un chantier de batteurs à la main.

2.° CUISSON DE LA POUDRE D' ASPHALTE OU SA TRANSFORMATION EN MASTIC

La cuisson de la poudre d' asphalte chez monsieur Paparella, comme en petit chez tous les asphaltistes du pays, se fait dans des chaudières semi-sphériques en fonte ou en tôle d'une capacité de 800 kilogrammes environ et dont le poids est d' environ 500 kilogrammes et le prix de L- 200 à Milan. Le dessin Pl. 4 fig. 6 représente en coupe et en elévation le massif de chaudières construit chez monsieur Paparella.

Pour faire une cuisson de poudre on commence par jeter dans la chaudière la quantité de fondant ou bitume libre nécessaire pour une opération. A peine le fondant commence-t-il à s'échauffer, ce que l' on reconnait à un peu de vapeur d'eau qui s'en dégage, on jette dans la chaudière la poudre d' asphalte mais par petite quantité à la fois en ayant soin d' agiter constamment avec l' agitateur ou spatule (Pl. 4 fig. 5).

On charge ainsi environ 700 kil· de poudre et cela en une heure de temps environ. A ce moment la masse commence seulement à devenir pâteuse et l' agitation à l' aide de la spatule doit être soutenue plus régulièrement que dès le début ou elle est trop souvent interrompue pendant l'introductlon à bras de la poudre. La durée de la cuisson est de 6 heures au bout dès quelles la masse est transformée en une pâte susceptible d' être enlevée avec de gros pochons et portée au moulage.

Pour une cuite de 700 kilogrammes on consomme 1 quintal de bois pour la première opération alors que le four est froid et un quart en moins environ pour les opérations suivantes.

La quantité de fondant ou bitume libre que l' on introduit dans la chaudière avant d'y jeter la poudre dépend de la nature de la roche dont cette dernière provient. Plus une roche est grasse et moins il faut de fondant. Trop de fondant rendrait le mastic trop gras, trop mou et dans un pays chaud comme l' Italie les pains de mastic ne pourraient conserver leur consistance pendant l' été, ils couleraient. La roche employée par Mr Paparella n' exige pas plus de 5 0[0 de fondant; la société l'Asphaltène emploie de 8 à 10 0[0. A Paris la société Générale, avec des roches de Seysse emploie 7 à 7, 5 0[0 de fondant. A Letto Manoppello avec certaines roches provenant des carrières Ferranti, on est quelquefois descendu à n'employer que 2 0[0 de bitume en été. Mais la nature du bitume influe aussi beaucoup sur la proportion de fondant à employer. Il faut par exemple moins de bitume liquide que de bitume solide et en outre avec le bitume liquide la cuisson s'opère beaucoup plus vite et cela parceque avec le bitume liquide la poudre d'asphalte se transforme plus rapidement en pâte coulante sans s'attacher au fond et aux parois de la chaudière comme elle le fait avec le bitume dur. En outre le bitume liquide, ou huile de bitume, etant beaucoup plus riche en huiles essentielles que le bitume dur, lorsqu'il est chauffé à une température inférieure à celle à la quelle ces huiles essentielles se volatilisent, celles ci agissent comme dissolvant sur le bitume d' imprégnation de la poudre, le liquéfient plus rapidement et par suite achèvent la transformation de la poudre en pâte d' autant plus coulante que le fondant est plus liquide ou plus riche en huiles essentielles.

3.° MOULAGE DU MASTIC D'ASPHALTE EN PAINS

La pâte comme je l' ai dit, exige 6 heures pour être cuite à point; au bout de ce temps on la puise dans le chaudière avec des pochons et on en remplit de petits seaux que l' on porte sur le chantier des moules. (Pl. 4 fig, 7).

Les moules en général sont de forme cylindrique et composés de deux pièces simplement juxtaposées. Sur une des faces internes du moule on y rive la plaque portant en relief la marque de fabrique qui vient reproduite en creux sur le pain. Avant de verser la pâte ou mastic d' asphalte dans les moules on a soin d'enduire intérieurement ces derniers d'un lait argileux afin que le pain s'en détache facilement et surtout sans arrachements ce qui enlèverait au pain une partie de sa valeur commerciale. Chaque pain pèse environ 25 kilogrammes. Mr Paparella avec ses deux chaudières fait 4 opérations en 24 heures, c'est à dire environ 5600 kigrammes de mastic soit 201 pains environ au lieu de 224 car il faut compter sur une déchet de 10 0[0 dans l'opération de la cuisson, déchet qui provient en grande partie de la cuisson à l'air libre.

Ces 201 pains exigent un matériel da 100 moules au minimum, surtout pendant la saison d'été ou les pains exigent plus de temps pour prendre consistance et durcir assez à l'air, avant de pouvoir être démoulés.

PRIX DE REVIENT DE LA FABRICATION DES PAINS DE MASTIC SUIVANT LE PROCÉDÉ A LA MAIN

On peut estimer le prix de revient du quintal de mastic en pains de la manière suivante.

Extraction de la roche et transport à l'usine le quintal	0,60
Pulverisation	1,00
Combustible	0,45
Main d'oeuvre	0,30
Bitume à raison de 5 0[0 du poids total	0,75
Frais généraux	0,25
Pour 95 kmes de pains	3,35

Soit par tonne L. 35, 26.

PRIX DE VENTE ET BÉNÉFICE

On peut compter que le prix de vente de la tonne de pains d'asphalte varie de L. 70 à L 80 fco à Rome. Or nous avons dit que le prix de revient à l'usine était de L. 35, 26. A cette somme il faut ajouter le prix de transport de San Valentino à Rome.

Transport de Letto Manoppello à San Valentino	L, 5, 00
Transport de San Valentino à Rome	» 16, 75
Total	» 21, 75
Prix de revient à Letto Manoppello	» 35, 26
Prix de revient à Rome	» 57, 01
Le prix de vente moyen etant de	» 75, 00
Il reste un bénéfice moyen par tonne	18, 01

Observations générales

Il résulte des chiffres précédents que la pulvérisation ou trituration à la main est ce qui charge le plus le prix de revient. La pulvérisation mécanique au moyen d' un moteur hydraulique réduirait de moitié, et très probablement de plus encore la dépense; enfin il résulte aussi du prix de revient précédent que le bitume est compté au prix de L. 150 la tonne. Ce prix exorbitant s' explique par le fait que les asphaltistes locaux produisent très peu de bitume et seulement juste pour leur fabrication de pains; de plus fabriquant très irrégulièrement et seulement avec un four ou deux, tous les frais d' allumage et d'extinction augmentent leur prix de revient d' une façon notable; c' est là ce qui explique ce prix de revient élevé du bitume. En réalisant des économies sur ces deux chefs il serait facile, croyons nous, d' arriver à produire des pains à raison de L. 26 la tonne au lieu de L. 35, 26.

2.° Fabrication des pains de mastic au moyen d' appareils mécaniques

Ce genre de fabrication est en vigueur dans l' usine de la société francaise l' Asphaltène.

On a installé à cet effet une machine à vapeur de 25 chevaux qui doit faire manoeuvrer les concasseurs, les broyeurs et les chaudières à mastic; mais il eut été facile en s' établissant en contre-bas de Letto Manoppello sur le Lavino de trouver une force motrice hydraulique bien suffisante pour les besoins journaliers de la fabrication. Les machines adoptées sont celles employées par la societé générale des asphaltes à Paris.

1.° PULVERISATION DE LA ROCHE BITUMINEUSE

Comme dans la pulvérisation à la main, le pulvérisation mécanique se compose de deux opérations, le dégrossissement et le broyage. Le dégrossissement se fait au moyen de cylindres dégrossisseurs ou concasseurs, et le broyage au moyen de cylindres lisses ou du broyeur à force centrifuge.

Dégrossisseurs

Ceux ci sont représentés planche N.° 5, fig. 1 et 2. Les dents des deux cylindres etaient primitivement en fonte mais actuellement on les fait en acier, ce qui procure une économie sensible car quand une quinzaine de dents du cylindre etaient rompues il fallait remplacer le cylindre; le nouveau système représenté planche 5 fig. 3 permet, dans le cas de rupture d'une dent de chasser de force la queue de la dent d'acier qui est restée en place et qui tombe ainsi dans l'intérieur du cylindre; on peut alors remplacer la dent par une autre que l'on met en place à coups de masse. Le poids de cet appareil, pour la partie métallique est le suivant:

4 Paliers avec coquilles en bronze pour les cylindres	kil.	280, 00
2 Cylindres avec leurs arbres	»	1080, 00
2 Paliers avec leurs coquilles en bronze pour le volant	»	70, 00
1 Arbre de commande du volant de 70mm de diamètre	»	203, 00
1 Volant	»	270, 00
2 Poulies de commande	»	300, 00
1 Pignon et son engrenage	»	300, 00
1 Grande roue et sa lanterne	»	480, 00
2 Plate-bandes en fer servant d'assises aux paliers	»	280, 00
Poids total de l' appareil	»	3264, 00
à raison de 1 f. 50 le kilogramme	fcs	4896, 00

A Milan il serait possible aujourd' hui de se procurer un appareil semblable à raison de L. 1, 20 à 1, 25 le kilogramme. On ne saurait donner trop de force à cet appareil qui est soumis à des chocs et secousses continuelles. Tous les engrenages doivent être munis de joues, et les chapeaux des paliers doivent être faits en fer forgé. Pour produire avec cet appareil par jour environ 10 tonnes de roche concassée à l'anneau de 0m 05 il faut une force de 8 à 10 chevaux.

Broyeurs

La pulvérisation de la roche dégrossie se faisait il y a quelques années encore à l' usine centrale de la société générale à Paris, au moyen de cylindres lisses placés à la suite des cylindres concasseurs et sur le même bâti. Un toile sans fin reçevait la roche concassée au dessous des cylindres lisses dits broyeurs finisseurs. L' ensemble de cette disposition est représentée Pl 5 fig. 4. Ces cylindres broyeurs fonctionnent très bien et n' ont d' autre inconvénient que de faire de la poudre un peu moins fine que celle obtenue avec le broyeur à force centrifuge. Tout l'ensomble des appareils dégrossisseurs et broyeurs ne demande que 12 chevaux de force pour une production de 12 à 15 tonnes de poudre par journée de travail de 10 heures. Aujourd' hui les cylindres finisseurs ont été remplacés par les broyeurs à force centrifuge dont les petits modèles de 0,50 et de 0,90 coûtaient en 1873 chez Toufflin à Paris, le premier

F. 1500 et le second F. 2500. Ces appareils ne demandent que 5 à 6 chevaux de force. Avec l' installation représentée Pl 5 fig. 5 il faut seulement 3 hommes, 2 pour les concasseurs et 1 pour le broyeur. A la sortie de ce dernier appareil une toile sans fin peut prendre la poudre et la porter aux chaudières à mastic sans le secours d' aucun homme mais cette disposition n' a pas été adoptée par la societé francaise de Letto Manoppello. Quand le réservoir au dessous du broyeur est plein de poudre, on vide le réservoir dont le contenu est porté aux chaudières, et on embraie de nouveau. Ces alternances dans la marche du broyeur sont une cause de perte de temps et en même temps d' irrégularité dans la grosseur du grain de la poudre obtenue. En effet lorsque l' on débraie l' appareil, la vitesse diminue immédiatement, l' appareil n' ayant pas de volant, et par suite le peu de roche qui se trouvait en ce moment dans l' appareil en sort en grains très grossiers. Le même fait se reproduit lorsqu' on embraie et lorsqu' on introduit dans la trémie de la roche concassée avant que l' appareil ait repris sa vitesse normale. Pour certaines roches bitumineuses malheureusement exceptionnelles et accidentelles, l' irrégularité dans la grosseur du grain ne serait d' aucun inconvénient parceque à la cuisson une roche à grain fin et régulier en se désagrégeant par la liquéfaction de son bitume d' imprégnation, donne toujours une pâte très uniforme et d' une grain si régulier que l' on croirait voir reproduite la roche naturelle même. Il n' en est pas ainsi pour les brèches bitumineuses et les calcaires grossiers et caverneux bitumineux qui contiennent trop souvent des éléments siliceux sur les quels la cuisson n' a aucune action, dans ce cas il faut que le grain de la poudre soit autant que possible uniforme, bien plus pour ne rien lui ôter de sa valeur commerciale que pour ne pas altérer la qualité du mastic qui n' en souffre en aucune façon. En effet à Paris par exemple, le mastic d' asphalte employé dans la confection des trottoirs est mélangé dans la proporion de 13 à 14 0[0 environ avec du gravier fin de grosseur très irrégulitère de façon à former plutôt un béton bitumineux qu' un mastic à grain fin et uniforme, qui serait banni du reste des travaux per les agents du service des travaux de la ville, et pourtant si l' on présente à ces mêmes agents un pain de mastic dont le grain quoique très fin ne soit pas rigoureusement régulier ils le rejettent disant qu' il est de mauvaise qualité. Si l' on présente le même pain à un asphaltiste du métier il ne dira peut être pas la même chose mais il ne manquera pas de dire que le mastic est mal fait. L' apparence ou l' oeil entre donc pour beaucoup dans l' appréciation.

Le broyeur à force centrifuge est un excellent appareil qui réduit les corps en poudre d' autant plus fine que ceux-ci sont plus durs, mais il a l' inconvénient de faire, en même temps qu' il pulvérise, fonction de ventilateur, de telle sorte que les parties plus légères se séparent des plus lourdes et par suite les grains plus petits de ceux un peu plus gros et cela est d' autant plus sensible que le mode d' alimentation par la trémie est plus irrégulier. On conçoit en effet que lorsque le broyeur agit à vide sa vitesse augmente et en même temps sa faculté de faire ventilateur. C' est à ce moment que la poudre se divise en poudre à grains fins qui va occuper l' avant du réservoir et en poudre à grains plus gros qui reste au dessous de l' appareil. Pour obvier à cet inconvénient qui en est plutôt un pour l' oeil du consommateur que pour la qualité du mastic qui en résulte il faut avoir soin d' alimenter le broyeur d' une façon continue de manière à ce que, etant chargé régulièrement, il marche sensiblement toujours à la même vitesse, condition sine quà non du reste pour obtenir une poudre de grosseur régulière et uniforme. A cet effet il serait bon de substituer au chargement à la main ou à la pelle le chargement mécanique par une table à secousses par exemple, ou encore par une toile sans fin.

2.° CUISSON DE LA POUDRE D' ASPHALTE

Les chaudières à faire le mastic adoptées à Letto Manoppello par la société francaise sont les mêmes que celles de la société générale de Paris. Ce sont de grandes barques en tôle, semi-cylindriques, traversées dans toute leur longueur par un arbre muni de palettes en fer qui agitent et brassent le mastic d' une façon régulière et continue comme le fait irrégulièrement et imparfaitement l' homme avec sa spatule dans les chaudières à bras; cet arbre brasseur reçoit son mouvement d' une grosse vis sans fin. Les fig. 6 et 7 Pl. 5 représentent l' ensemble de l' appareil. Les figures 1, 2 et 3 Pl. 7 en donnent les détails.

Voici le poids et prix de l' appareil non compris le fourneau en briques.

Chaudronnerie

1. Chaudière à mastic en tôle de 16mm et son couvercle en tombeau	kmes	1320
4 Cornières pour les angles du fourneau	»	144
12 Tirants en fer de 12m pour l' armature du fourneau	»	160
1 Porte de foyer et ses barreaux de grille	»	400
Poids total de la Chaudière	»	2024
à raison de 1, 20 le kil.	fcs	2428

Transmission de mouvement

1 Arbre carré de 0, 10 pour agitateurs	kmes	360
1 Arbre de 0, 06 de commande		30
2 Poulies et leurs paliers		120

1	Roue helicoïdale de 40 dents avec vis sans fin	70
	Agitateurs en fer munis de leurs écrous	120
1	Pièce de décharge ou de vidange avec les coussinets pour l' arbre carré	150
1	Débrayage	8
	Poids total Kilo	1038
	à raison de L. 2 le kilogramme frc.	2076,00

CHARGEMENT DE LA CHAUDIÈRE

On commence par jeter dans la chaudière le fondant et on le laisse fondre. Aussitôt qu' il émet les vapeurs blanches, on embraie pour mettre l' arbre des agitateurs en mouvement. A ce moment l' homme qui est affecté au service de la chaudière commerce à jeter la poudre dans la chaudière à la pelle, et d' une façon lente dès le début jusqu' à ce qu' il l' ait remplie complètement ou tout au moins à 0^m 10 des bords. Le remplissage à la pelle ne dure pas moins de 2 heures, et la cuisson, comme dans les petites chaudières demande 6 heures de temps. On fait par conséquent 4 opérations par 24 heures et comme la capacité de la chaudière est de 2500 k^{mes} la production par 24 heures est de 10 tonnes de mastic. Lorsque le mastic est cuit on ouvre le bouchon de vidange et on remplit de petits seaux avec les quels on porte le mastic dans les moules. Pendant tout le temps de la vidange on ne cesse de faire marcher l'arbre des agitateurs et ce n' est que lorsque la chaudière est vide que l' on débraie pour y jeter de nouveau le fondant.

A Paris on consomme par tonne de mastic 38 kilogrammes environ de mauvaise houille. A Letto Manoppello la chaudière à mastic marche au bois et suivant l' état hygrométrique du combustible la consommation varie de 5, 6 à 7 quintaux par 24 heures pour 4 opérations soit 50, 60 ou 70 kilogrammes de bois par tonne. Si l' on compte le bois à raison de L. 15 la tonne, la consommation de bois par tonne est d' environ 1, 05 alors qu' avec les chaudières à bras comme chez Mrs Paparella on consomme L. 4, 50 de bois par tonne.

Ces chaudières, outre une grande économie dans le main d' oeuvre, qui en effet est réduite au minimum, puisqu' il n' y a besoin que d' un chauffeur et d' un gamin pour le remplissage de la chaudière et la coulée des pains, présentent donc une grande économie de combustible. Aussi pourrait on réduire le prix de revient des pains de mastic au minimum, avec un broyage mécanique et une chaudière à mastic, le tout mu par un moteur hydraulique.

Nons arrèterons ici ce que nons avions à dire de la fabrication de l'asphalte en poudre et en pains; il nous reste actuellement à parler de la fabrication du fondant employé dans les fabrications précédentes.

FABRICATION DU BITUME

Deux systèmes de fours sont en usage à Letto Manoppello, l' un généralement employé dans les établissements anciens, l' autre réçemment installé à la societé française l' Asphaltène. Nous décrirons successivement ces deux systèmes.

1.° FOUR A CORNUES INCLINÉES

Ce four representé en coupe longitudinale et transversale planche 6 se compose de deux cornues en tôle de fer, cylindriques, avec obturateurs mobiles en fonte; chaque obturateur est maintenu en place par un étrier en fer muni d' une vis de préssion. Les dimensions de ces cornues sont de 2^{m} 00 de longueur et de 0^{m} 60 de diamètre. Elles contiennent 250 kilogrammes de calcaire bitumineux. Elles ont une inclinaison de 0^{m} 20 par mètre vers l' obturateur, pour permettre l' écoulement du bitume, dont la sortie se fait à travers une ouverture ménagée au bas de l'obturateur. Sous cette ouverture on installe un seau en tôle d'une contenance de 50 kilogrammes environ. Les dimensions de la grille sont de 1, ^{m}50 de longueur et 0, ^{m}40 de largeur. On fait dans ces fours 6 charges par 24 heures et leur production en bitume est de 220 kilogrammes environ. La consommation de calcaire bitumineux est d' environ 1500 kilogrammes par cornue ce qui fait pour le calcaire un rendement de 7, 10 0[0 environ. Le combustible n' est autre chose que la pierre bitumineuse pauvre qui provient des carrières voisines. Le bitume receuilli dans les seaux est transporté à Letto Manoppello. Là, suivant l' usage au quel il est destiné, il est employé pour la fabrication des pains d' asphalte, ou il est embarillé pour être expédié sous cette forme. Dans ce dernier cas, les seaux qui contiennent le mélange de bitume solide et de bitume liquide sont posés inclinés sur une four où 6 seaux à la fois peuvent être déposés On chauffe le four très légèrement avec du bois. Les seaux sont munis d'un obturateur avec guide à coulisse. Cet obturateur ne laisse entre les parois du seau et ses bords qu' un jeu de 5^{mm} ce qui empèche le passage des petites pierres qui se trouvent retenues dans le fond. Le bitume liquide qui s'écoule d' abord est mis à part et forme le bitume liquide très employé par la marine. Le bitume plus solide reste d'abord dans le seau; grâce au feu de bois allumé il fond ensuite et est receuilli dans des barils séparés. Il sert alors à la fabrication des huiles lourdes à gaz et à la fabrication des aggroméréş.

Les caractères des bons bitumes de Letto Manoppello sont les suivants. Chauffés ils deviennent liquides, en donnant de petites projections de matières, projections dues à l' emprisonnement d' un peu d' eau qu' ils peuvent contenir accidentellement interposée, eau qui se dépose au fond du vase aussitôt que la masse pâteuse est devenue liquide. Soumis à la distillation on en obtient 56, 18 0[0 de carbures d' hydrogène liquides et 25 0[0 de charbon noir, poreux, dur, luisant, difficile à bruler. Ils commencent à distiller quelques gouttes de carbures liquides à la température de 120° centigrades mais la plus grande partie de ces carbures ne distille que au delà de 400.° Ces carbures sont de couleur jaune quand ils sont vus sur une faible épaisseur, mais sont bruns, vus en masse, et ont une odeur empyreumatique. Distillés à nouveau ils ont une couleur jaune orange ne prennent pas feu en présence d' une lumière que l' on y plonge, mais brûlent sur une mèche de coton avec une flamme fuligineuse. Pendant la distillation, des carbures d'hydrogène gazeux se dégagent surtout pendant la période ou la température est élevée; ces carbures sont très riches en carbone et brûlent avec une flamme très éclairante. De tous ces caractères il ressort que la partie huileuse qui distille de ces bitumes est formée d' huiles lourdes que l'on ne doit pas confondre avec le pétrole, mais qui ressemblent beaucoup aux huiles lourdes obtenues par la distillation du pétrole lui-même. Ces huiles lourdes sont cependant plus fluides et peuvent servir soit pour le graissage des machines à l'état de pureté ou à l'état de mélange avec le graphite en poudre, soit pour augmenter le pouvoir éclairant du gaz de houille.

PRIX DE REVIENT

Ou peut estimer le prix de revient du bitume fabriqué dans les conditions précédentes de la façon suivante.

Abattage du minerai	L. 29, 16
Cassage du minerai	» 6, 67
Transport à la main à l' usine.	» 17, 50
Chauffeurs	» 15, 00
Transport au magasin	» 6, 00
Mise en fûts	» 6, 66
Transport à San Valentino	» 5, 00
TOTAL	L. 85, 99
Frais généraux répartis sur 1000 tonnes	» 7, 00
TOTAL	» 92, 99

soit L. 93, 00.

Nous n' avons pas parlé de la dépense de combustible parceque le combustible employé pour le chauffage des cornues est composé de pierres peu riches en bitume qui sont triées et transportées à part; la dépense d' abattage, de cassage et de transport de ces matières peu riches est comprise dans les frais indiqués dans le prix de revient à chacun de ces comptes.

2.° FOUR A CORNUE VERTICALE

Le four à cornue verticale est employé par la société française l'Asphaltène, pour extraire le bitume de la brèche bitumineuse qui sert à la tabrication de l' asphalte; la société n' ayant pas dans ses mines de roche spéciale non sulfureuse comme celle travaillée par Mr Paparella et Mrs Giorgi et Biscossi doit se résigner à extraire le bitume de ces mêmes roches grasses avec les quelles elle fait de la poudre d' asphalte. Cette extraction est très difficile car au feu les roches grasses se désagrègent et forment en très peu de temps un mastic ou mieux uu bèton dur, semi-pateux, qu' il est impossible de retirer de la cornue.

Pour parer à cet incovénient, la société n'extrait qu'une faible partie du bitume contenu dans la roche, (environ 2 0[0) évitant ainsi de la faire séjourner trop de temps dans la cornue afin que la roche ne puisse se désagréger complétement. Quoiqu' il en soit, le bitume qu'elle retire est mélangé avec une forte proportion de gravier calcaire et elle ne peut l' employer en aucune facon ni pour la fabrication du mastic ni pour la vente, avant de l' avoir soumis à une épuration complète qui s' opère en faisant bouillir le bitume dans des chaudières spéciales, opération qui dure 4 heures et pendant les quelles un ouvrier brasse continuellement le bitume en ébullition. La société a du construire 4 de ces chaudières de la capacité des chaudières à mastic et montées toutes quatre sur des fourneaux en briques assez semblables à ceux de ces mêmes chaudières.

La société a pris un brevet d'invention pour la cage en fer désignée par la lettre G G dans la coupe verticale du four, (Pl. 7. fig. 4) cage qui occupe l' intérieur de la cornue en tôle. Cette cage faite de barreaux de fer de 10^{mm} reçoit tout le minerai, qui se trouve ainsi isolé des parois chaudes de la cornue C C, ce qui permet au bitume qui distille de s' écouler jusqu' au bas de la cornue et par suite dans le récipient B B sans adhérer aux parois de la cornue portée au rouge cerise. Cette disposition qui serait superflue pour un calcaire bitumineux qui ne se désagrège en aucune façon et permet toujours au bitume de s' écouler à travers ses interstices est des plus efficaces pour les roches grasses que la société traite et qui en se désagrégeant forment un béton bitumineux tellement compact que le bitume libre ne saurait les traverser.

Ces roches grasses en se désagrégeant empâtent tellement la cage de fer qui les contient qu'après chaque déchargement on est obligé de recourir au ringard pour dégager les barreaux de la cage qui sont conplètement obstrués et ce nettoyage, qui se fait à coups de masse détériore si rapidement la cage que sa durée ne dépasse pas six mois.

Le combustible se charge par la trémie T placée au dessus des grilles qui sont disposées de manière à ne reçevoir à la fois qu' une couche peu épaisse de combustible et par suite à rendre facile l' accès de l' air; aussi la combustion y est très vive surtout lorsque l' on a soin de ringarder souvent la roche grasse pour eviter qu' elle ne fasse masse et pour laisser toujours à l' air le plus libre accès possible. La combustion est tellement vive que le pied de la cornue sur une hauteur de 0m 70 se trouve brulé complètement au bout de peu de temps malgré un coup de feu, formé d' une grande tuile réfractaire, qui est disposé contre la cornue La flamme fait du reste le tour de la cornue grâce à la disposition en serpentin des carnaux. La cornue se décharge au moyen d'une grille à bascule D. A peine cette dernière est elle ouverte que l'on place au dessous de la cornue un petit chariot en tôle qui reçoit la roche et la porte aux décharges. Une fois la cornue vidée on referme la grille et on fait avancer sur le rail R R,le petit chariot A (Pl, 7, fig. 5) porteur du récipient B B destiné à receuillir le bitume. Une vis à filets carrés V permet d'approcher aussi près que possible les bord du récipient B de la partie inférieure de la cornue de manière à faire joint et à ne pas permettre la la rentrée de l' air. Ce récipient B porte dans l' intérieur un chapeau conique à rebords *b b* destiné à arrêter le sable calcaire qu' entraine avec lui le bitume qui s' écoule. Cette disposition bonne en principe est sans efficacité pour le bitume extrait des roches grasses et qui est trop chargé de gravier calcaire pour que le petit chenal formé par les rebods du chapeau conique puisse complètement l' arrêter et l' en débarrasser; il faudrait un chenal plus profond où mieux une espèce de cuvette autour du chapeau conique, cuvette dans la quelle le bitume aurait le temps de séjourner et trouverait la place pour abandonner une plus grande proportion du sable entrainé.

Ce système de fours fut aussi essayé aux Fonticelli avec des calcaires bitumineux et avec la pierre pauvre comme combustible mais jamais il ne fut possible d' obtenir une température suffisante pour extraire tout le bitume que l'on extrait aujourd' hui avec les cornues inclinées; toute fois à force de tâtonnements et de modifications successives apportées au foyer on etait arrivé à obtenir une température presque égale à celle que l' on obtient dans les foyers des fours à cornues inclinées, et le bitume qui coulait d' abord prèsque froid et en petite quantité vint chaud et abondant. Ce résultat conduisit à adopter une disposition définitive réprésentée (fig. 6 Pl. 7); dans ces conditions la cornue avec les minerais calcaires fonctionne bien; la décharge se fait très rapidement car le minerai n' est pas collant comme la roche d' asphalte et s' échappe de la cornue sans la moindre difficulté et surtout sans laisser d'incrustations sur les parois de la cornue; enfin le bitume, coulant très facilement comme à travers un gros filtre naturel dans les interstices du minerai, arrive au bas de la cornue sans avoir souffert en aucune facon de l'influence des parois chauffées de la cornue.

Les cornues inclinées transformées ainsi en cornues verticales présentent l' avantage incontestable d' un chargement facile et rapide comme aussi d' un déchargement plus rapide encore, mais il faut pour leur service un pont au niveau de l' orifice de chargement des cornues, comme cela existe à la société francaise (Pl, 7 fig. 7).

Bénéfices

Nous terminerons ici l' enumération des divers procédés employés à Letto Manoppello pour l' extraction des bitumes; nous nous contenterons seulement d' ajouter que le prix du bitume rendu à la station de San Valentino est environ de L. 200 la tonne. Si nous nous reportons au prix de revient de L. 93, 00 environ nous voyons qu'il reste L. 107 pour payer les frais généraux, de vente, d' amortissement et d' intèret du capital; les bénéfices peuvent donc être très rémunérateurs; aussi sommes nous surpris de voir que le nombre des établissements qui se livrent à cette fabrication soit aussi restreint alors que les matériaux sont si abondants dans le pays, que la main d' oeuvre est à si bas prix, et qu' il faut des capitaux relativement si minimes pour réaliser des bénéfices très considérables. Nous ne saurions donc attirer par trop l' attention des capitalistes vers cette source de richesse, source certaine, car au prix que nous avons indiqué la quantité que l' on pourrait vendre aux usines françaises et anglaises atteint à peine le quart de la production actuelle. Aussi dans l' intèret des capitaux italiens, dans l' intèret des populations si pauvres de la province de Chieti, dans l'intèret du port d' Ancone qui doit servir pour le chargement et l' expédition de ces marchandises, voudrions nous voir les capitaux se porter vers cette industrie. Si à la fabrication de ces produit bruts nons joignons encore la fabrication des huiles pour graissage de machines et aussi la fabrication du brai sec pour l'usage des fabriques d' agglomérés, (produits que l' Italie importe journellement en grande quantité) la richesse du p ays sera puissamment accrue car l' Italie envoie aujourd' hui ses produits bruts à l'étranger pour y être travaillés et reçoit ensuite les produits manufacturés. C' est encore dans cette branche d' industrie, le même fait général ; que celui qui se présente dans l' industrie des métaux tels que le fer, la fonte et l'acier, fait que le pays aurait intèret à voir disparaître s'il désire voir améliorer le sort de sa population ouvrière, et croître sa richesse nationale.

Fin

Planche N° 1.

Gisements bitumineux sulfureux

et de petrole de la Mayella

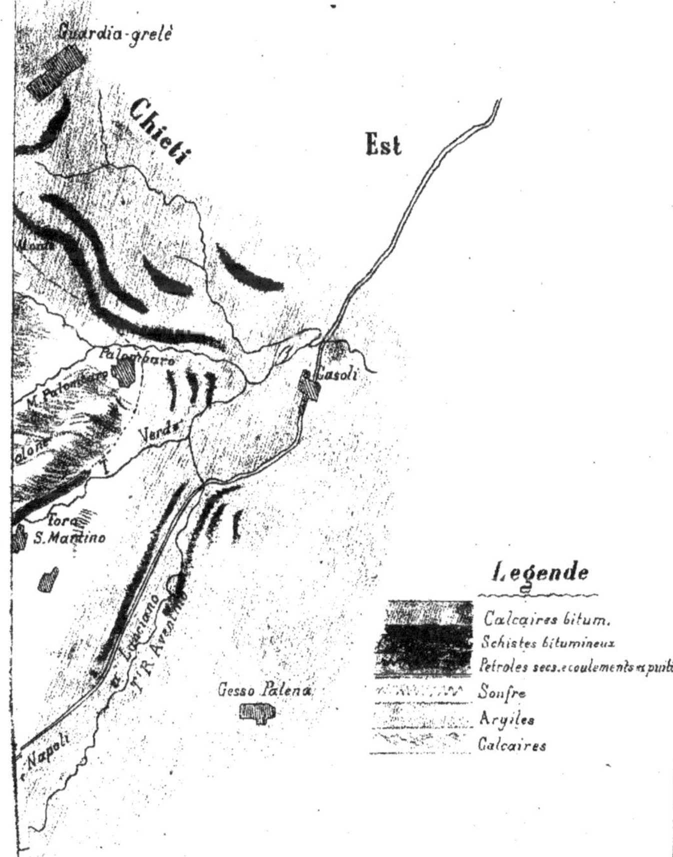

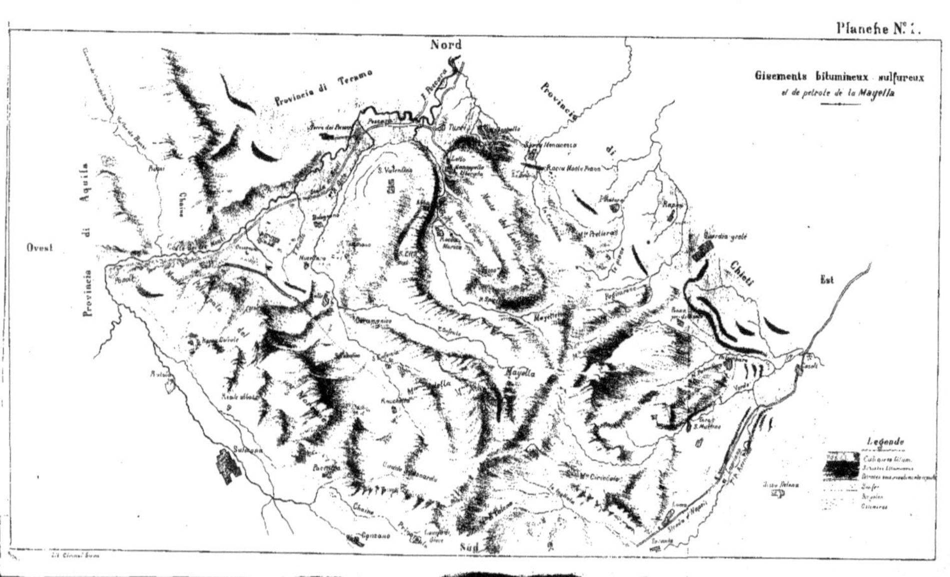

Planche N° 1.
Gisements bitumineux sulfureux
et de petrole de la Mayella
Nord
Sud
Est
Ovest
Provincia di Teramo
Provincia di Aquila
Provincia di Chieti
S. Valentino
Caramanico
Mayella
Sulmona
Popoli
Casoli
Guardia-grele
Rapino
Legende

GISEMENTS BITUMI[NEUX]

DU GROUPE MANOPPELLO L[ELLO] MANOP[ELLO] SERRA MONAC[ESCA]

Planche N° 2

ALTITUDES AU BAROMETRE

Station de S. Valentino	107,18	audessus de la mer		de la Stat. de S. Valentino a Manoppello et Letto Manoppello
» Casino de Sanctis	227,18	»	»	
Usine de la Société Anglaise	237,18	»	»	
Letto-Manoppello	319,00	»	»	
» Manoppello	227,00	»	»	
» Tocco	307,00	»	»	
Ancienne poste aux chevaux				de Tocco à la Stat. de S. Valentino
Route de Popoli sous Tocco	217,00	»	»	
» pont sur l'Arallo	185,00	»	»	
Colle Morto (Culminant)	227,00	»	»	
» pont d'Orte	137,00	»	»	

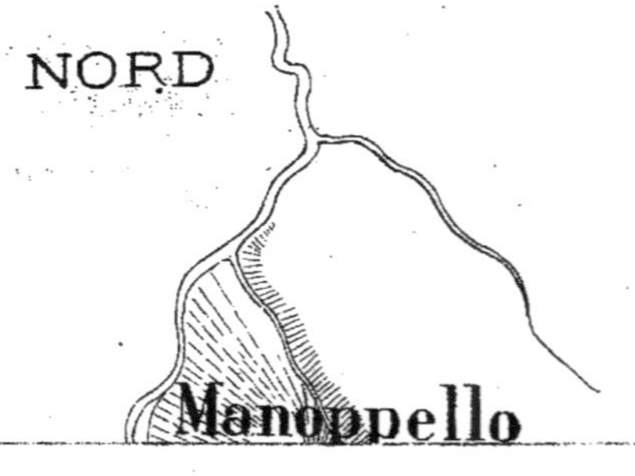

NORD

Manoppello

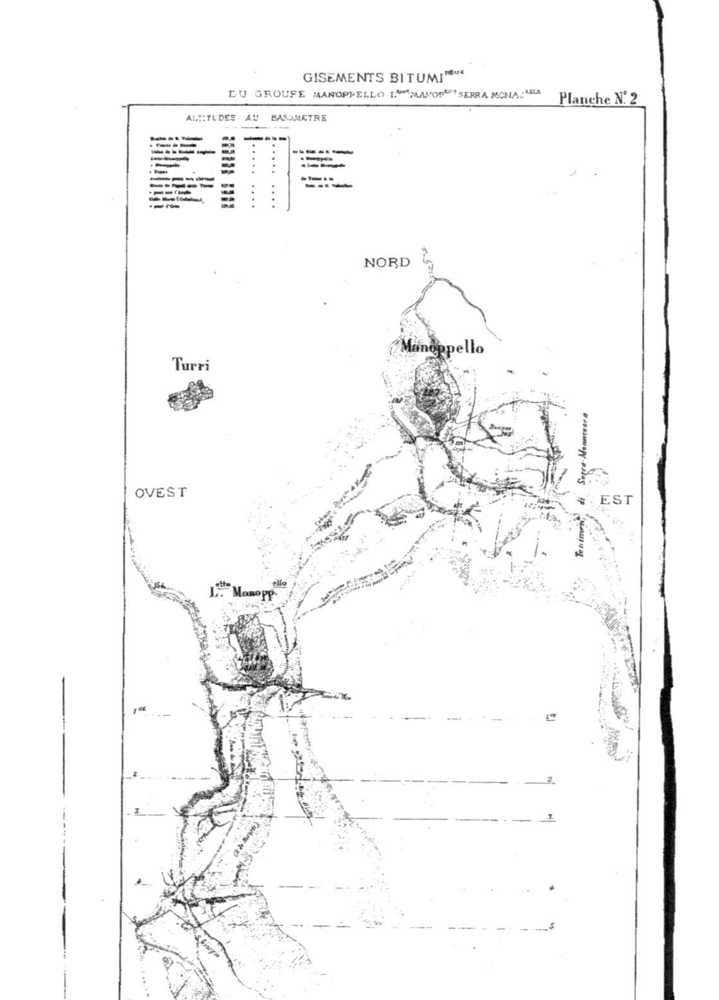
GISEMENTS BITUMINEUX
DU GROUPE MANOPPELLO LETTOMANOPPELLO SERRA MONACESCA
Planche N° 2
ALTITUDES AU BAROMÈTRE
NORD
Manoppello
Turri
OUEST
EST
Tenimento di Serra-Monacesca
Lettomanoppello

Planche N°3

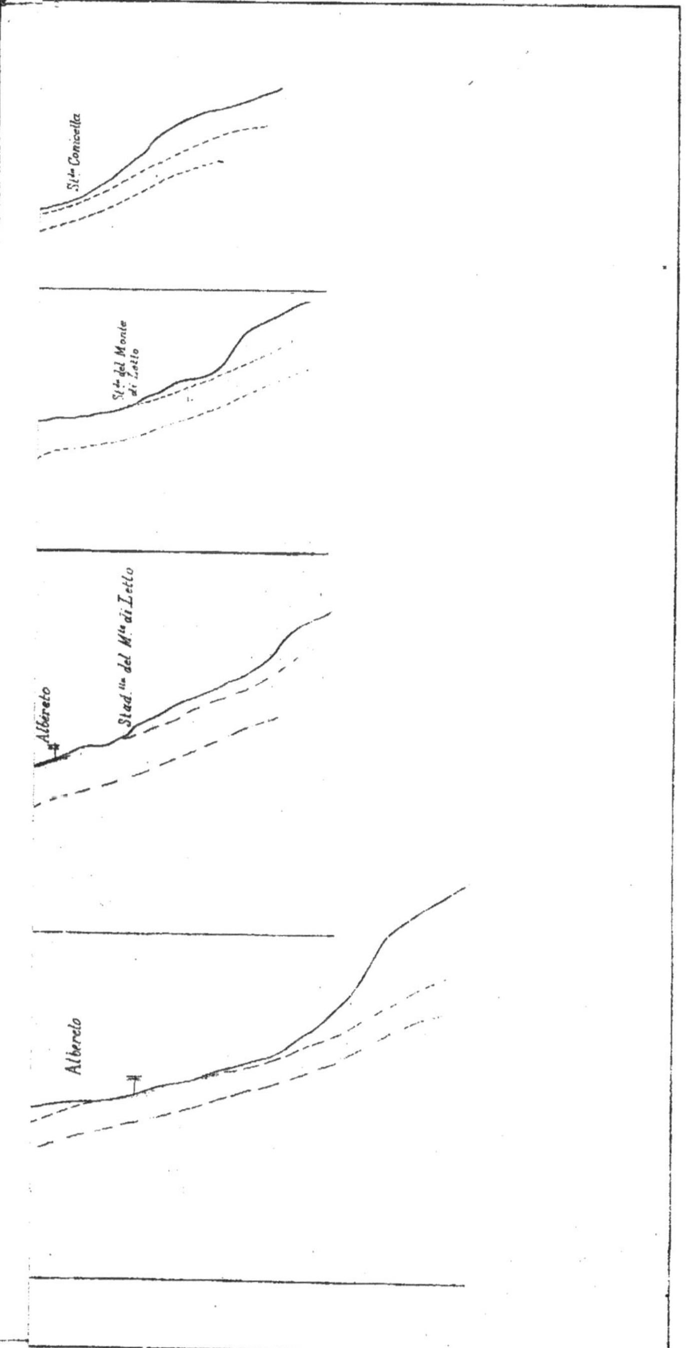

St.da Conicella
St.da del Monte di Zotto
Stad.na del M.te di Zotto
Albereto
Albereto

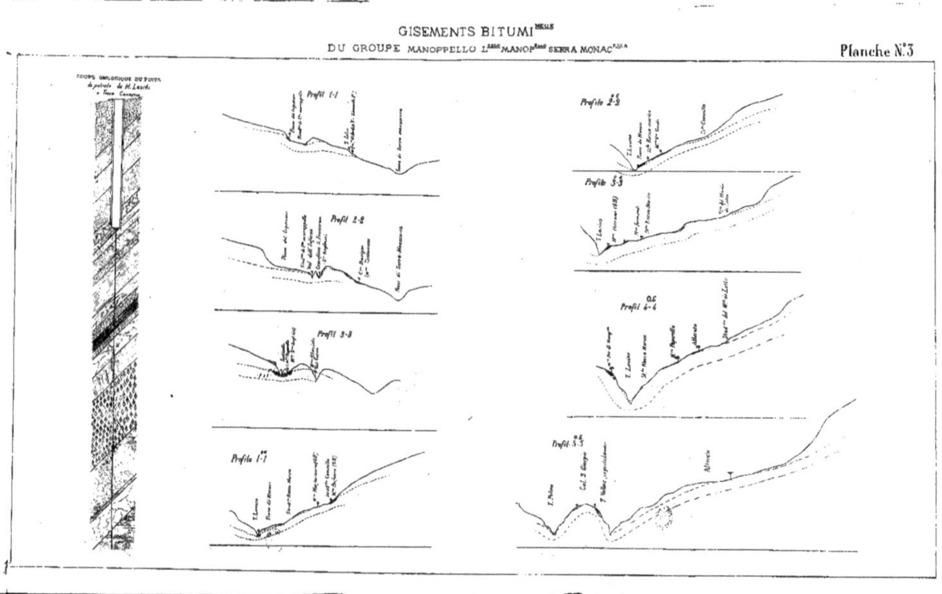
GISEMENTS BITUMINEUX
DU GROUPE MANOPPELLO
Planche N°3
Profil 1-1
Profil 2-2
Profil 3-3
Profil 1-1
Profilo 2-2
Profilo 3-3
Profil 4-4
Profil 5-5

Planche N°4

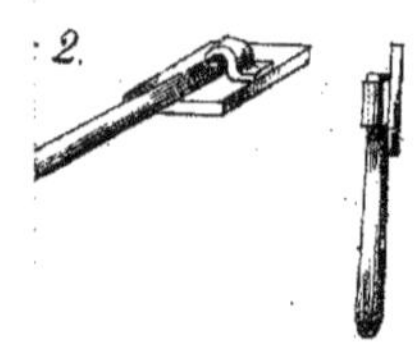

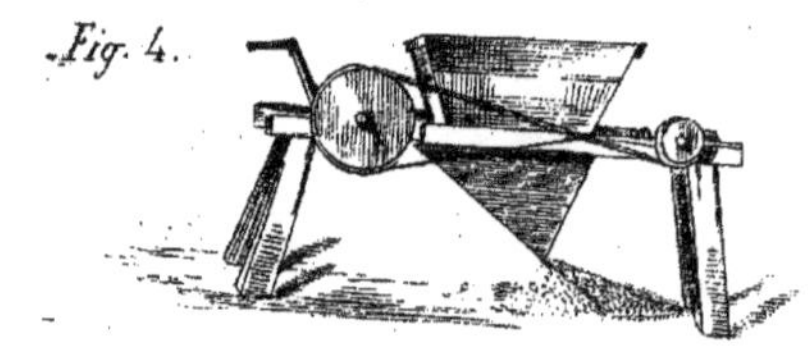

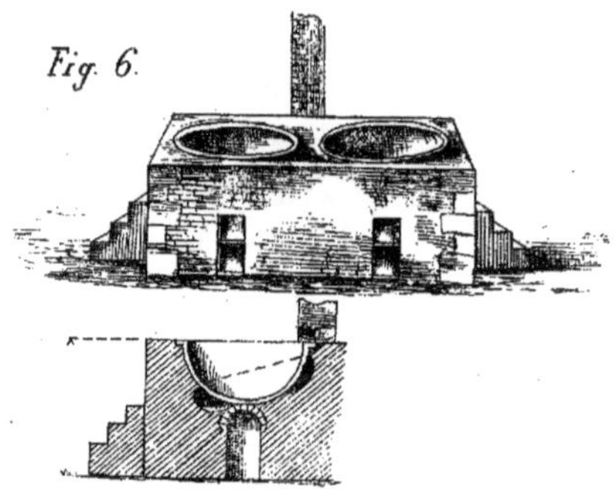

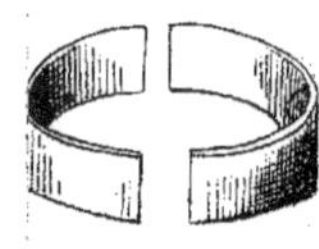

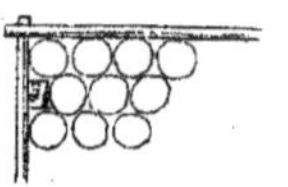

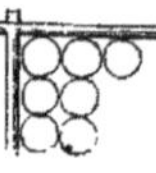

Lit

GISEMENTS DE LA PROVINCE DE FROSINONE

FABRICATION DES PAINS D'ASPHALTE A LA MAIN

Planche N° 4

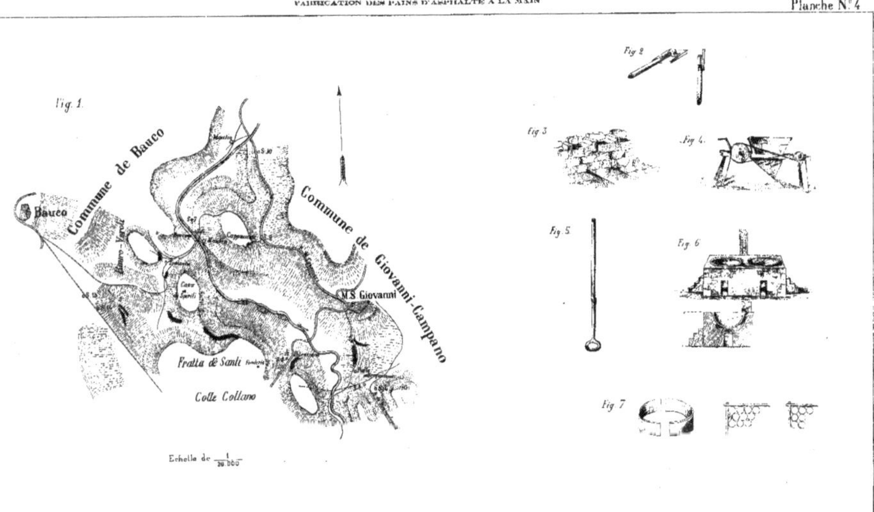

Planche . 5

l'appareil à Cylindres finisseurs

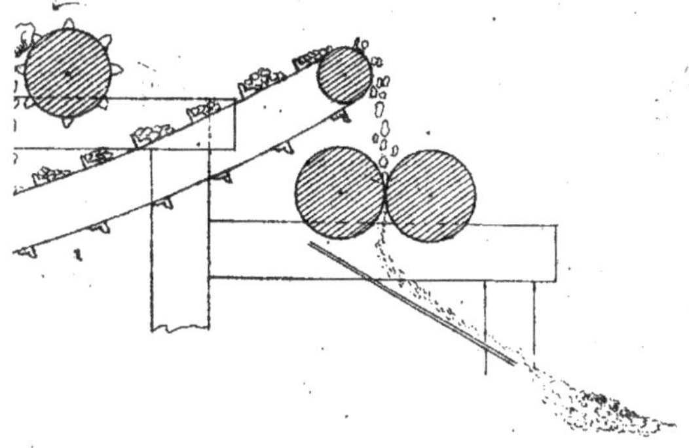

position de l'appareil avec Broyeur Kärr

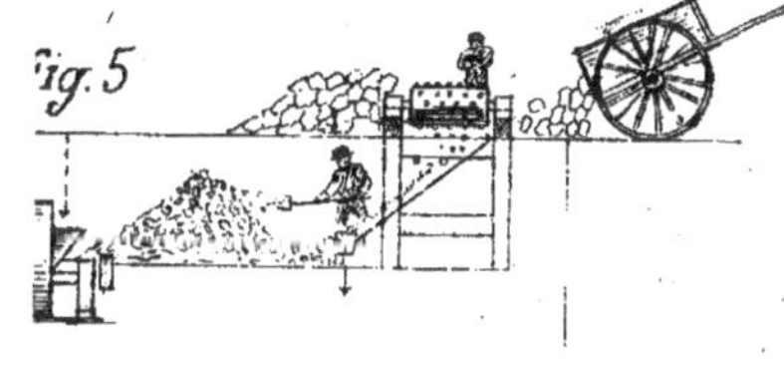

Fig. 5

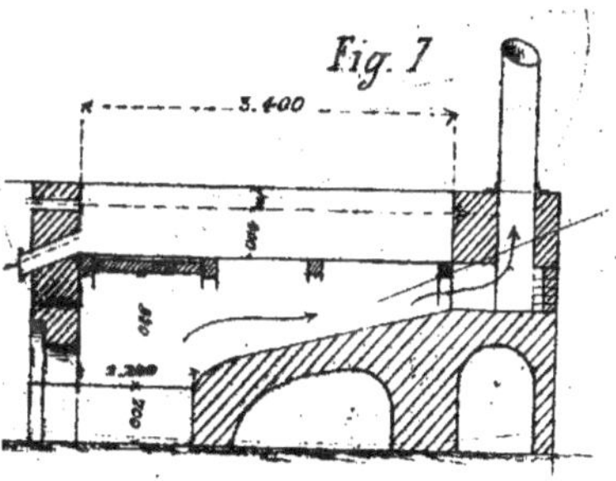

Fig. 7

Lit. Cirinei Siena

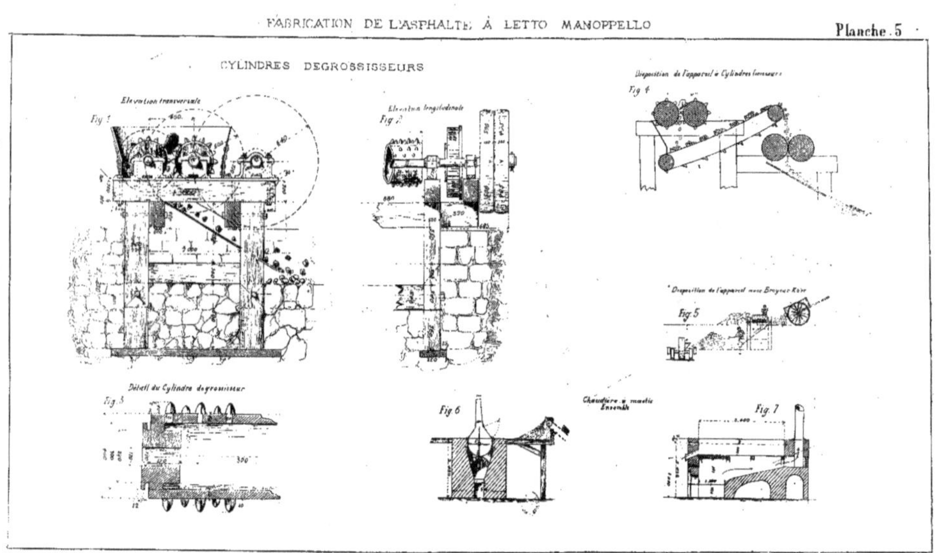
FABRICATION DE L'ASPHALTE À LETTO MANOPPELLO
Planche. 5
CYLINDRES DEGROSSISSEURS
Elevation transversale
Fig. 1
Elevation longitudinale
Fig. 2
Détail du Cylindre degrossisseur
Fig. 3
Disposition de l'appareil à Cylindres finisseurs
Fig. 4
Disposition de l'appareil avec Broyeur Kérr
Fig. 5
Fig. 6
Chaudière à mastic
Ensemble
Fig. 7

Planche N° 6

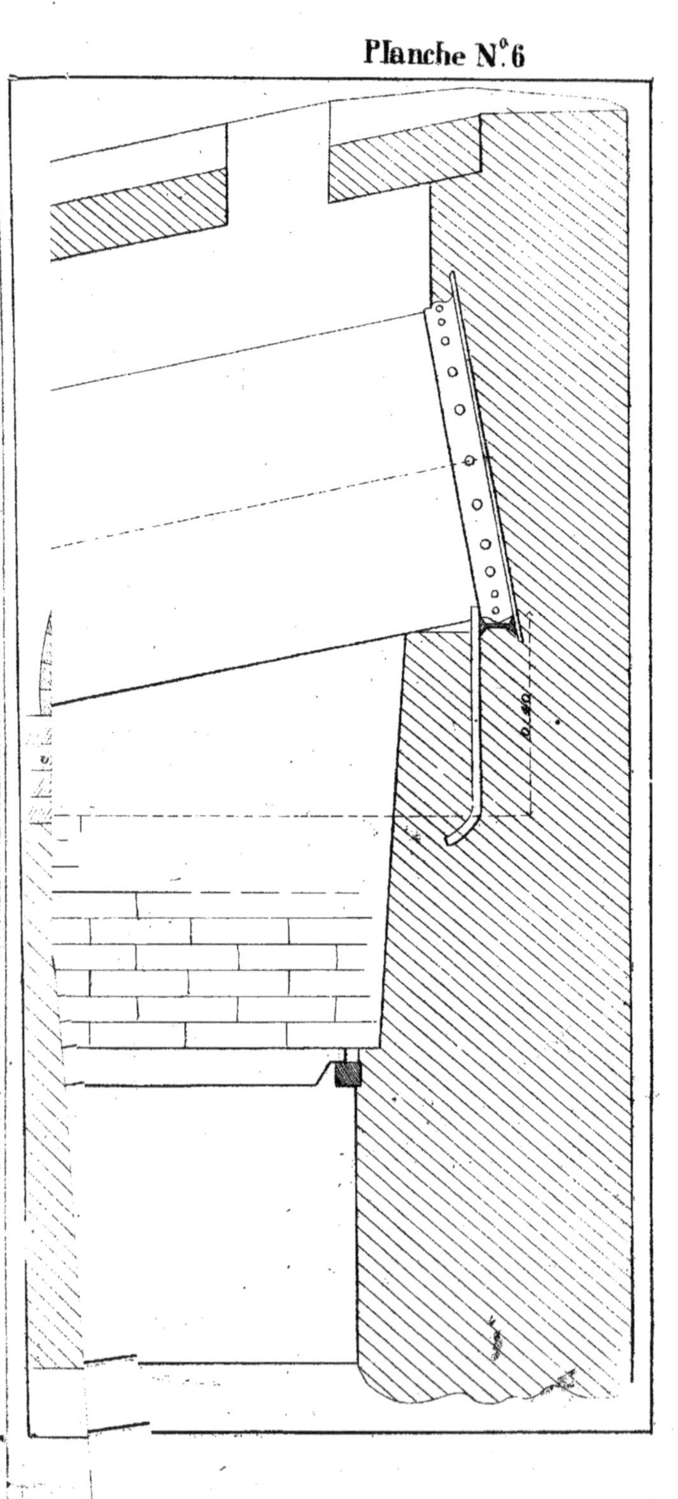

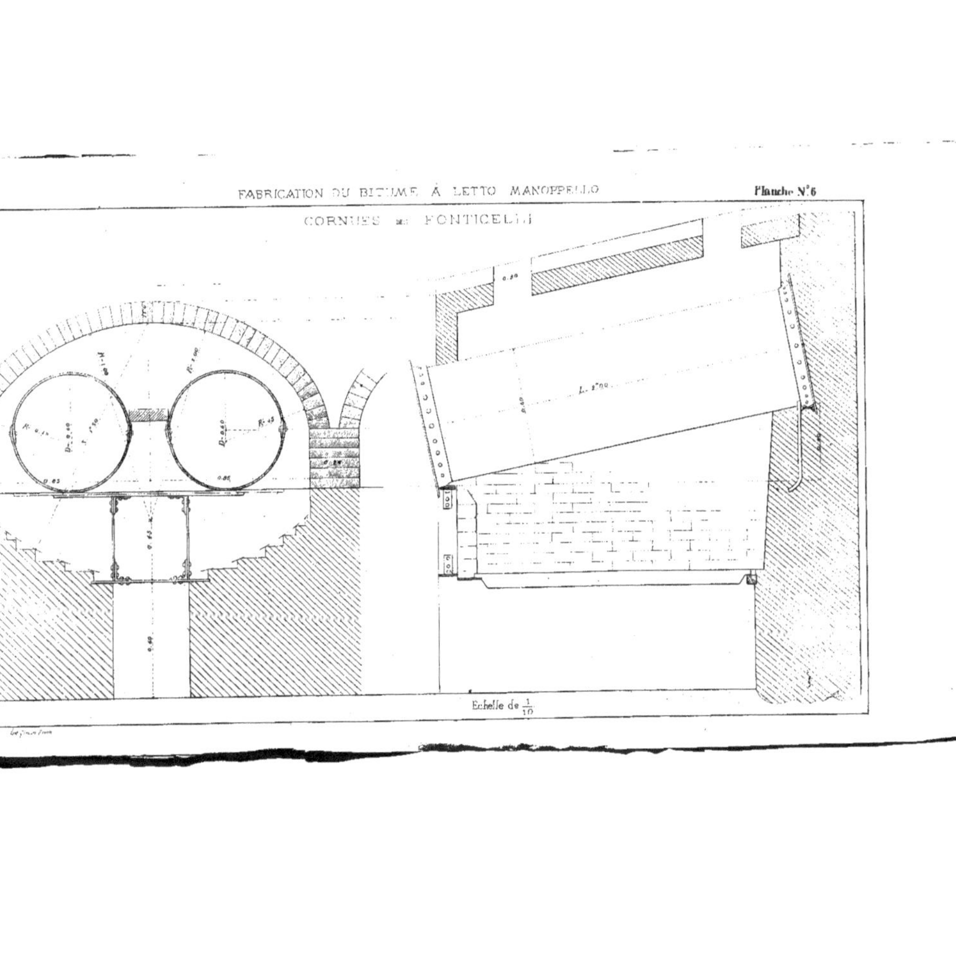
FABRICATION DU BITUME À LETTO MANOPPELLO
Planche N°6
CORNUES DE FONTICELLI
Echelle de 1/10

Planche 7.

CORNUES VERTICALES DE LA SOCIETÈ FRANCAISE

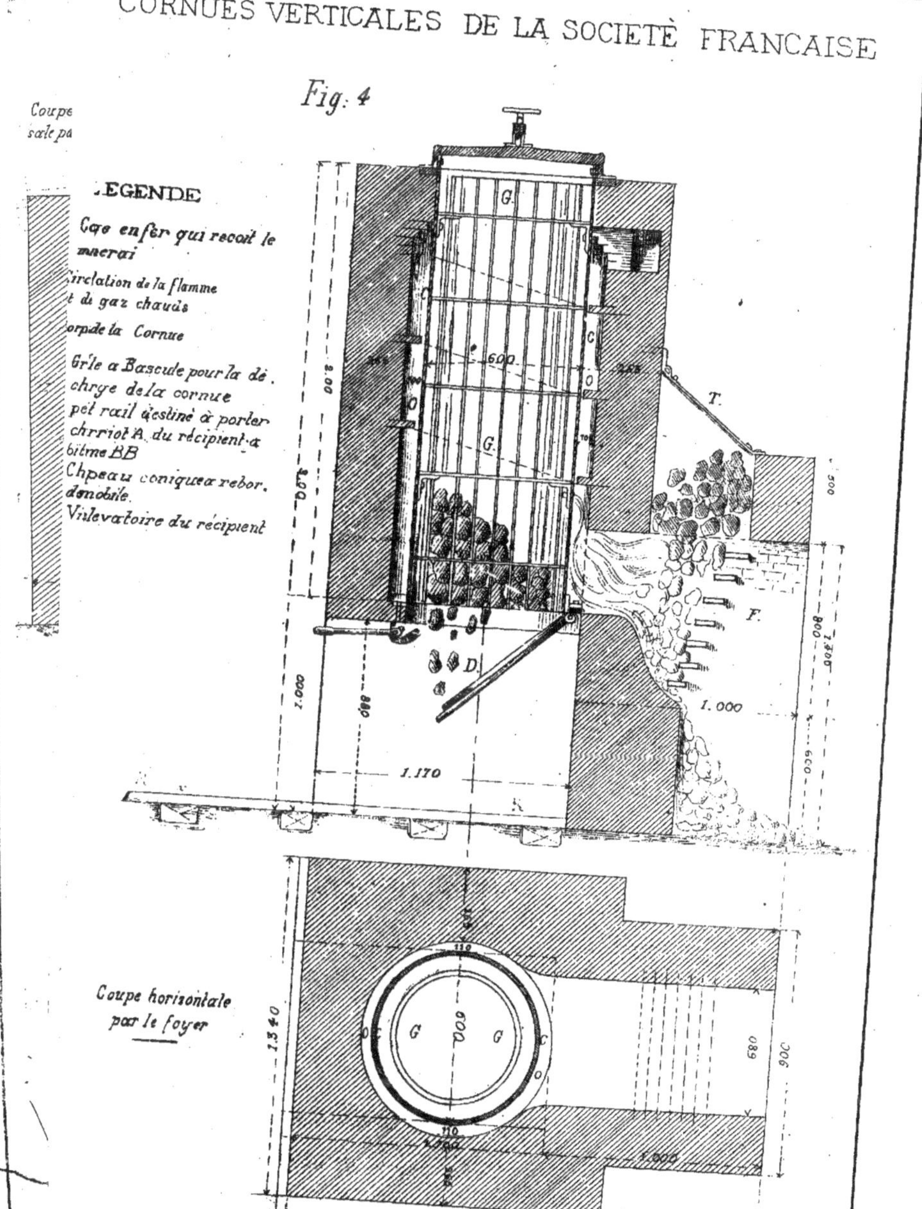

Lit. Cirinei Siena

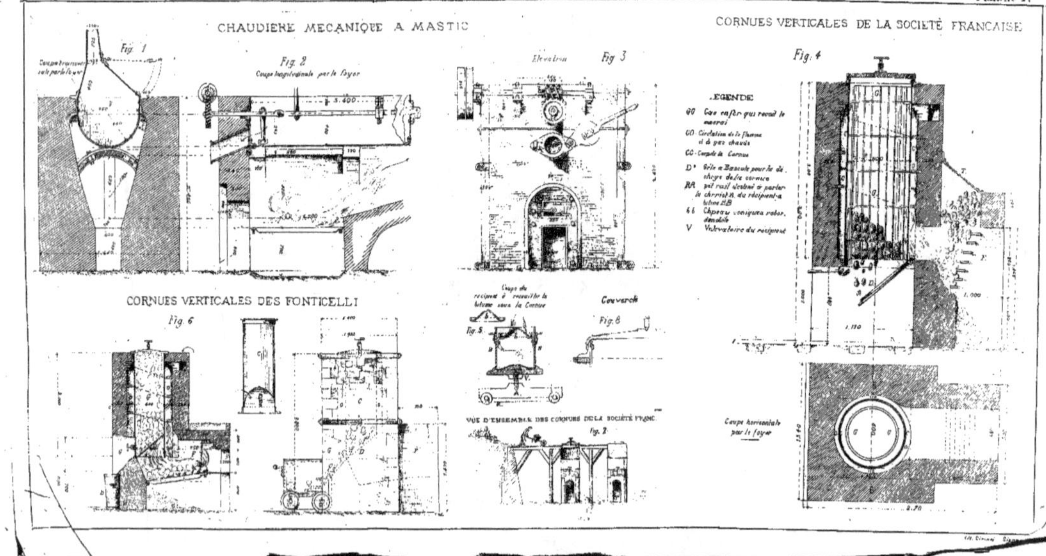
FABRICATION DU BITUME ET DE L'ASPHALTE À LETTO MANOPPELLO
Planche 7.
CHAUDIERE MECANIQUE A MASTIC
CORNUES VERTICALES DE LA SOCIÉTÉ FRANCAISE
Fig. 1
Fig. 2
Coupe longitudinale par le foyer
Elevation
Fig. 3
Fig. 4
LEGENDE
CORNUES VERTICALES DES FONTICELLI
Fig. 6
Couvercle
Fig. 5
Fig. 8
VUE D'ENSEMBLE DES CORNUES DE LA SOCIÉTÉ FRANC.
Fig. 7
Coupe horizontale par le foyer

www.ingramcontent.com/pod-product-compliance
Lightning Source LLC
LaVergne TN
LVHW050454160826
845677LV00003B/773